FORSCHUNGSBERICHT DES LANDES NORDRHEIN-WESTFALEN

Nr. 3065 / Fachgruppe Physik/Chemie/Biologie

Herausgegeben vom Minister für Wissenschaft und Forschung

Dr. Burckhard Viell
Institut für Entwicklungsphysiologie
Universität zu Köln

Aminosäure-Pool, Protein-Turnover
und proteolytische Enzymaktivität
in dem Lebermoos Riella helicophylla

Springer Fachmedien Wiesbaden GmbH 1981

CIP-Kurztitelaufnahme der Deutschen Bibliothek

Viell, Burckhard:
Aminosäure-Pool, Protein-Turnover und proteo-
lytische Enzymaktivität in dem Lebermoos
Riella helicophylla / Burckhard Viell. -
Opladen : Westdeutscher Verlag, 1981.

(Forschungsberichte des Landes Nordrhein-
Westfalen ; Nr. 3065 : Fachgruppe Physik,
Chemie, Biologie)
ISBN 978-3-531-03065-4

NE: Nordrhein-Westfalen: Forschungsberichte
des Landes ...

© 1981 by Springer Fachmedien Wiesbaden
Ursprünglich erschienen bei Westdeutscher Verlag GmbH, Opladen 1981
Herstellung: Westdeutscher Verlag GmbH

ISBN 978-3-531-03065-4   ISBN 978-3-663-19736-2 (eBook)
DOI 10.1007/978-3-663-19736-2

Inhalt
_____

Zusammenfassung	1
Einleitung	3
Material und Methoden	4
a) Pflanzenmaterial und Probenentnahme	4
b) Radioaktive Bestimmungen	4
c) Enzymatische Bestimmungen	5
d) Weitere Bestimmungen	7
Ergebnisse	7
a) Turnover- und Pool-Bestimmungen	7
1. Erste Methode	7
2. Zweite Methode	11
b) Proteolytische Enzymaktivität	14
Diskussion	16
a) Proteolytische Enzymaktivität in Riella-Zellen	16
b) Protein-Turnover bei Riella	17
Literaturverzeichnis	21
Anhang	
a) Tabellen	23
b) Abbildungen	27

Zusammenfasssung

Der einzellschichtige Flügel des Lebermooses Riella helicophylla besteht aus morphologisch einheitlichen Zellen, die - bedingt durch ihren unterschiedlichen Abstand vom Meristem - als unterschiedlich alt gelten können. Riella bietet damit ein ausgezeichnetes Modell für die Differenzierung teilungsaktiver zu teilungsinaktiven Zellen zunehmenden Alters. Zur Untersuchung wurden verschiedene, wenigzellige Bereiche des Thallus mit Glaskapillaren ausgestanzt und mit Mikromethoden analysiert.

Die Gesamtmenge an freien α-Aminoverbindungen nimmt in den Thallus-Zellen von apikal nach basal von $4,25 \times 10^{-4}$ nMol/Zelle bis auf $10,97 \times 10^{-4}$ nMol/Zelle zu. Dieser Gesamtpool ist nicht einheitlich. Durch den Verlauf der Aufnahmekinetik mit $[^{14}C]$Leucin lassen sich mindestens 2 Aminosäure-Pools in den Riella-Zellen unterscheiden. In der Nährlösung angebotenes $[^{14}C]$Leucin wird sehr rasch aufgenommen und der größte Teil davon direkt in zelluläres Protein eingebaut; ein kleiner Anteil wird von den Riella-Zellen zum Meristem transportiert.

Der Protein-Turnover in den Riella-Zellen wurde mit 2 Methoden bestimmt: durch Kurzzeit-Markierung und durch Messung der Abnahme an Radioaktivität der Protein-Fraktion in markierten Riella-Pflänzchen (ohne und mit Actidionbehandlung). Demnach haben junge, z.T. meristematische Zellen des Apikalbereiches einen relativ hohen Protein-Turnover von etwa 0,4% /h. In der Frühphase der Differenzierung (2. Thallusbereich mit ausschließlich differenzierten Zellen) bleibt er zunächst auf hohem Niveau (0,5% /h), sinkt dann aber in den alten, differenzierten Zellen (Basalbereich) ab auf etwa 0,25% /h.

Verschiedene Proteasen lassen sich in Extrakten aus Riella nachweisen: Endopeptidaseaktivität mit einem pH-Optimum bei pH 5,0; Carboxypeptidase bei pH 7,1 und Aminopeptidase bei pH 7,8. Auch diese proteolytische Enzymaktivität ist im Riella-Thallus unterschiedlich verteilt. In der basalen (älteren) Thallushälfte ist die Carboxypeptidase- und Aminopeptidaseaktivität leicht erhöht, die Endopeptidaseaktivität sogar doppelt so hoch im Vergleich zur jüngeren Apikalhälfte.

Aus den Befunden geht hervor, daß bei Riella der Protein-Turnover während der Zelldifferenzierung weniger von der zellulären Proteasemenge als vielmehr durch Regulierung der Enzymaktivität gesteuert wird. Denkbare Mechanismen und der Einfluß des Meristems auf die differenzierten Thalluszellen werden diskutiert.

Einleitung

Der einfach gebaute und im Flügelbereich einzellschichtige Thallus des Lebermooses Riella ist ein günstiges Modell zur Untersuchung zellulärer Differenzierung (STRAUB, 1948; STANGE, 1957). Die Zellen des Flügels sind morphologisch sehr einheitlich; jedoch lassen sich in ihnen deutliche stoffwechselphysiologische Unterschiede registrieren, bedingt durch ihr "zunehmendes Alter", dh. zunehmenden Abstand vom Meristem. So vergrößern sich die Flügelzellen vom apikalen Meristem bis zum basalen Thallusrand auf etwa das Dreifache (PLATZ, 1969; VIELL, 1980), gleichzeitig nimmt der Gehalt an Protein und Nukleinsäuren zunächst zu, von einem bestimmten Stadium an jedoch ab (PLATZ, 1969). Phenolische Substanzen sind in den Thalluszellen von Riella mengenmäßig etwa gleich verteilt (VIELL, 1980). Die Regenerationsleistung verringert sich kontinuierlich mit zunehmendem Alter der Flügelzellen (STANGE, 1957).

Für den Bereich des Meristems wies STANGE (1977) in jungen Riella-Pflänzchen nach, daß sich am Rande des Meristems die Dauer des Teilungszyklus verlängert. Der polaren Differenzierung zwischen teilungsfähigen und teilungsinaktiven Zellen geht somit eine Verlängerung des Zellzyklus voraus.

Dieser Befund war unter anderem Anlaß zu der Überlegung, ob sich nicht auch andere dynamische Aspekte des Stoffwechsels, wie der Protein-Turnover, im Verlauf der Differenzierung ändern. Daten über diesen Problemkreis liegen aus der Literatur kaum vor (s. z.B. HUFFAKER und PETERSON, 1974); sie erstrecken sich auf die Turnover-Bestimmung an ganzen Pflanzen. Die Untersuchungen an Riella sollten aber den gesamten Lebenszyklus einer Riella-Zelle umfassen, dh. junge, meristematische Flügelzellen mit verschieden alten Zellen basaler Thallusbereiche vergleichen. Darüberhinaus erschien es uns wichtig, die Größe des Aminosäure-Pools und die proteolytische Enzymaktivität in den verschiedenen Thallusbereichen zu ermitteln. Nicht nur, weil derartige Befunde bei Moosen fehlen, sondern auch, um zu entscheiden, ob der Protein-Turnover während der Differenzierung durch die Enzym-Menge oder indirekt durch die Steuerung der proteolytischen Enzymaktivität reguliert wird.

Material und Methoden

a) Pflanzenmaterial und Probenentnahme

Die Untersuchungen wurden durchgeführt am weiblichen Gametophyten, 3 Wochen alt. Riella helicophylla ist in diesem Stadium etwa 10 mm hoch; das submers lebende Lebermoos läßt sich unter sterilen Bedingungen kultivieren (STANGE, 1957). Das Pflänzchen besteht aus zwei Achsen, um die sich jeweils ein einzellschichtiger sogenannter Flügel windet (Abb. 1 a).

An der Spitze jedes Flügels befinden sich meristematische Zellen und basalwärts davon Zellen zunehmenden Alters. Für die Untersuchungen wurden die beiden Flügel gleichartig behandelt, in verschiedene Zonen geteilt und aus ihnen, an topologisch eindeutig zuzuordnenden Stellen, kleine Bereiche ausgestanzt (Abb. 1b). Dies geschah mit Hilfe von Glaskapillaren mit konstantem Innendurchmesser. So weisen die ausgestanzten Thallusbereiche eine konstante Fläche von 1,02 mm^2 auf. Dadurch läßt sich die Zellzahl in den Proben ermitteln: In der Apikalregion beträgt sie rund 2500, in Region 2 etwa 1500, in Region 3 etwa 1100 und in Region 4 etwa 800 Zellen pro mm^2 (s. VIELL, 1980). Die Ergebnisse beziehen sich auf die Thallusfläche und damit direkt auf die Zellzahl.

b) Radioaktive Bestimmungen

Ganze Pflanzen wurden unverletzt in Nährlösung mit radioaktivem $[^{14}C]$Leucin inkubiert (0,5 ml Nährlösung pro Pflanze). Zur Bestimmung wurden die einzelnen Thallusbereiche wie oben beschrieben ausgestanzt. Diese kleinen Stückchen (pro Region 6 aus 3 Pflänzchen) wurden in Glaskapillaren gesammelt, gründlich im inaktiver, wäßriger Leucin-Lösung gespült und in kleine, unten zugeschmolzene Pipettenspitzen übertragen. In ihnen wurden die Proben bei $-30\ ^{\circ}C$ aufbewahrt. Zur Analyse wurden sie dann in den Pipettenspitzen homogenisiert, mit einer hoch rotierenden (20 000 rpm), feinen Drahtschlinge aus V4A-Federstahl (Fa. Klimes, Dübendorf, Schweiz), und in wasseraufnahmefähigen Szintillator (Fa. Zinsser, Frankfurt: Quickszint 402) übertragen. Ein direktes Einbringen der Thallusscheibchen in den Szintillator erwies sich als unzweckmäßig, da sie in organischem Milieu leicht zusammenklumpen.

Zur Messung der Radioaktivität in der TCA-löslichen bzw. -unlöslichen Fraktion wurden die Thallusscheibchen zunächst in 20 µl 0,05 M Phosphatpuffer, pH 7,0, homogenisiert und scharf zentrifugiert. Diese Prozedur wurde einmal wiederholt und die Proteine in den gesammelten Überständen durch Zugabe von 20%iger Trichloressigsäure (TCA) im Verhältnis 1:1 gefällt und zentrifugiert. Es folgte eine erneute Extraktion des Sedimentes mit 20 µl 10%iger TCA. Das Sediment und die gesammelten TCA-Überstände wurden dann getrennt in Szintillator übertragen. Die Radioaktivität wurde in Mini-Vials in einem Flüssigkeitsszintillationszähler (PRIAS PL der Fa. Packard, Frankfurt) gemessen bis zu einem statistischen Zählfehler von $\alpha = 0,1\%$. Die ermittelten cpm-Werte wurden nach üblichem Quenchkorrekturverfahren in dpm-Werte umgewandelt.

c) Enzymatische Bestimmungen

Für die Untersuchung proteolytischer Enzymaktivität im Riella-Thallus mußte weitaus mehr Pflanzenmaterial eingesetzt werden als für die radioaktiven Bestimmungen. Notwendigerweise wurden deshalb ganze Pflanzenhälften, bzw. -drittel nach Entfernung der Achse verwendet (Abb. 2) und in möglichst wenig Puffer homogenisiert. Bezugspunkt der ermittelten Enzymaktivität ist die Menge an löslichem Protein im Enzymextrakt.

Die Endopeptidaseaktivität wurde unter Abwandlung der von MARTIN und THIMAN (1972) beschriebenen Methode bestimmt: Ca. 30 Pflanzenhälften (Frischgewicht etwa 10 mg) waren für eine Bestimmung erforderlich. Sie wurden in 200 µl Puffer (Mc Ilvain, 0,05 M, pH 5,0) homogenisiert und zentrifugiert (10 Min. bei 20 000 g), 60 µl des klaren Überstandes wurden mit 5 µl Caseinlösung (1%-ig, Mc Ilvain-Puffer) zugegeben und 1,5 Stunden im Schüttelwasserbad bei 37 °C inkubiert. Der Reaktionsverlauf ist unter diesen Bedingungen im Riella-Extrakt über 2 Stunden linear. Die Reaktion wurde in jeweils 2 mal 3 Proben à 10 µl zu Beginn und am Ende der Inkubation durch Zugabe von 10 µl 20% TCA gestoppt und die Proben 30

Minuten bei 4 °C belassen. Nach dem Zentrifugieren (10 Min.
bei 10 000 g) erfolgte dann mit 10 µl des klaren Überstandes
die fluorometrische Bestimmung freigesetzter Aminosäuren mit
Fluorescamin (Hoffmann LaRoche), wie schon in einer früheren
Arbeit beschrieben (VIELL, 1977). Die Ergebnisse wurden gemittelt, die Leerwerte (zu Beginn der Inkubation) abgezogen.

Die Aktivität wird in relativen Einheiten als Emissionszunahme pro Zeiteinheit bezogen auf den Proteingehalt des
Extraktes angegeben.

In späteren Versuchsreihen wurde die Endopeptidaseaktivität
mit Azocasein als Substrat bestimmt. Dieser Test ist weniger
anfällig auf Störungen durch Exo- oder Dipeptidasen (FELLER
und ERISMANN, 1978). Das Bestimmungsschema für Riella-Extrakte
ist aus Abb. 2 ersichtlich.

Die <u>Aminopeptidaseaktivität</u> wurde gemäß CHRISPEELS und BOULTER
(1975) mit Leucin-p-Nitroanilid als Substrat gemessen. Extrahiert wurden 40 Thallusfragmente in 600 µl 0,06 M Phosphatpuffer, pH 7,8. 200 µl wurden für die Proteinbestimmung verwendet, 400 µl des klaren Extraktes wurden zusammen mit 100 µl
Leucin-p-Nitroanilid (6 mM in 25% Methanol) für 60 Minuten bei
37 °C inkubiert. Die Proben zu Beginn und am Ende der Inkubation (jeweils 250 µl) wurden mit 250 µl Natriumcitrat
(1 M, pH 2,0) versetzt und die Extinktion bei 420 nm in einer
Mikrodurchflußküvette gemessen.

Zur Bestimmung der Aktivität der <u>Carboxypeptidase</u> verwendeten
wir Nα-Benzoyl-DL-arginin-4nitroanilid (6 mM in Dimethylformamid) als Substrat (s. NOWAK und MIERZWINSKA, 1977).
Extrahiert wurden 16 Thallusfragmente in 250 µl Phosphat-Puffer (10 mM, pH 7,1). Ein Bestimmungsansatz bestand aus
40 µl Enzymextrakt, 40 µl Substrat und 1,0 ml Phosphat-Puffer.
Inkubiert wurde 1 Stunde bei 37 °C. Die Reaktion wurde mit
Natriumcitrat gestoppt und die Extinktion bei 405 nm gemessen. Die Aktivität von Amino- und Carboxypeptidase wird
angegeben als Extinktionszunahme pro Zeiteinheit pro Proteingehalt.

d) Weitere Bestimmungen

Die freien Aminosäuren wurden nach einer früher beschriebenen
Methode mit Fluorescamin fluorometrisch bestimmt (VIELL, 1977).
Proteinbestimmungen erfolgten nach LOWRY et al. (1951) mit
reduzierten Volumina bzw. in einer Vergleichsserie fluorometrisch
nach BUTCHER und LOWRY (1976). Statistische Berechnungen
wurden mit verteilungsfreien Methoden (U-Test nach MANN und
WHITNEY s. WEBER, 1967) mit einer vorgegebenen Irrtumswahr-
scheinlichkeit von $\alpha = 0,05$ durchgeführt.

Die verwendeten Substanzen (p.A. Qualität) stammten von
Serva, Heidelberg, bzw. von Merck, Darmstadt; das radioaktive
L $[U-^{14}C]$ Leucin (spez. Aktivität 300 mCi/mMol) von Amersham
Buchler, Braunschweig.

Ergebnisse

a) Turnover- und Pool-Bestimmungen
1. Erste Methode

Der Vorsatz, wenigzellige Bereiche des Riella-Thallus mit
unterschiedlich alten Zellen zu analysieren, zwingt zur
Suche nach entsprechenden Mikro-Methoden. Das Ausstanzen
kleinster Thallusflächen mit Hilfe von Glaskapillaren schafft
günstige Voraussetzungen. Denn die exakte Bezugsgröße
(konstante Thallusfläche, bzw. Zellzahl, damit aber auch
konstanter Proteingehalt etc.) läßt gewisse Vereinfachungen
zu. So kann der Protein-Turnover *) aus der Inkorpo-
rationsrate radioaktiver Aminosäuren ermittelt werden:
Mißt man über einen relativ kurzen Zeitraum den Einbau

---

*) Der Begriff Turnover wird von verschiedenen Autoren unter-
schiedlich verwendet, zB. häufig synonym für den Protein-Abbau.
Im Folgenden dient der Begriff zur Beschreibung des "over-all"
Protein-Umsatzes. Da in dem verwendeten Riella-Modell die einzelnen untersuchten Thallusbereiche sich - zumindest über einige Tage - im "steady-state" befinden, ist es berechtigt,
eine Turnover-Rate anzugeben, bei der die Synthese-Rate gleich
der Abbau-Rate ist (s. auch ARIAS et al. 1969).

einer radioaktiven Aminosäure in die Protein-Fraktion, dann entspricht der Radioaktivitätsanstieg der Protein-Synthese-Rate (OAKS, 1970). Verändert sich in diesem Zeitraum die Menge an zellulärem Protein nicht, dann muß die Einbaurate gleich der Abbaurate sein; eine zB. hohe Inkorporation ist gleichbedeutend mit einem hohen Protein-Turnover.

Wenn die Riella-Pflänzchen unter exakt identischen Zuchtbedingungen aufwachsen, so ist der Protein-Gehalt in den untersuchten Thallusbereichen über mehrere Tage konstant (vergl. auch PLATZ, 1969). Im folgenden Experiment inkubierten wir daher ganze Pflänzchen mit $[^{14}C]$Leucin (50 µCi/ml) und stanzten nach 40 Minuten aus den in Abb 1b dargestellten vier Thallusregionen Proben aus. Tab. 1 zeigt, daß die Apikalregion 1 in der TCA-unlöslichen Fraktion den höchsten Einbau radioaktiven Leucins aufweist. Dieser Einbau nimmt zunehmend nach basal hin (Thallusbereich 2 bis 4) ab. Der Thallusbereich 4 mit den ältesten, differenzierten Zellen inkorporiert in die Protein-Fraktion nur noch etwa 20% Leucin im Vergleich zu den jungen Zellen des Apikalbereiches.

Aus den Ergebnissen dieses Experimentes (Tab. 1) wird ebenfalls ersichtlich, daß die verschieden alten Zellen unterschiedliche Mengen an $[^{14}C]$Leucin aus dem Medium aufnehmen (s. Spalte SF = TCA-lösliche Fraktion). Das könnte bedeuten, daß die unterschiedliche Inkorporation in die Proteine allein durch unterschiedliche Pool-Verhältnisse in den Riella-Zellen verursacht sein kann. Korrigiert man die Einbaurate, indem man die Menge aufgenommenen $[^{14}C]$Leucins berücksichtigt (vergl. auch TROUE, 1974), so ergibt sich immer noch eine von apikal nach basal hin abgestufte Einbaurate (s. Spalte ISF/SF der Tab. 1). Berücksichtigt man weiter den unterschiedlichen Protein-Gehalt in den verschieden differenzierten Thallusbereichen, so bleibt auch dann noch der Inkorporationsgradient bestehen (Spalte ISF/SF/µg Protein): Junge Zellen des Apikalbereiches 1 bauen mehr radioaktives Leucin pro Zeiteinheit in die gleiche Menge zelluläres Protein ein als die differenzierten Zellen. Und diese wiederum reduzieren mit zunehmendem Alter ihre Syntheserate und ihren Protein-Turnover.

Diese Interpretation setzt voraus, daß die Konzentration an
freien Aminosäuren, die der Protein-Synthese direkt zur Verfügung stehen (Vorläufer-Pool), der Aufnahme-Rate (Spalte SF
in Tab. 1) entspricht, bzw. daß insgesamt nur ein einziger
Aminosäure-Pool in den Riella-Zellen existiert (OAKS, 1970).
Zweitens darf während der Inkubationszeit keine nennenswerte
Verlagerung an Aminosäuren zwischen den Thallusbereichen
stattfinden.

Schon STANGE (1957) hat aufgrund ihrer Experimente auf einen
achsen- und apikalwärts gerichteten Transport im Riella-Flügel
schließen können. PLATZ (1969) zeigte dann, daß Stoffwechselprodukte, die nach Applikation von $[^{14}C]O_2$ bzw. $[^{14}C]$Adenin
synthetisiert worden waren, vom basalen in den apikalen
Thallusbereich umgelagert werden. Auch $[^{32}P]$Verbindungen werden
von basal nach apikal und auch in horizontaler Richtung von
den peripheren zu den axialen Flügelzellen transloziert
(VIELL, 1979).

Wir bestimmten im folgenden Experiment die Umlagerung von basal nach apikal mit Leucin und bezogen auch einen peripheren
Thallusbereich in die Untersuchung ein, um die Ergebnisse mit
den früheren Versuchen mit $[^{32}P]$ (VIELL, 1979) vergleichen zu
können.

Intakte Riella-Pflänzchen wurden mit $[^{14}C]$Leucin inkubiert
(1 Stunde mit 20 µCi/ml), abgespült und danach in inaktives
Medium überführt. Die Veränderung der Radioaktivität in den
Thallusbereichen A-P (Tab. 2) nach 24-stündigem Verbleib der
Pflanzen in inaktiver Nährlösung war dann ein Maß für die
Verlagerung von $[^{14}C]$Leucin zwischen den Riella-Zellen. Zur
Kontrolle wurden in einer Versuchsserie inkubierte Pflänzchen
nach der Umlagerung extrahiert und die Aminosäuren nach Dansylierung (NEUHOFF, 1973) dünnschichtchromatographisch aufgetrennt. Radioaktivität ließ sich nur im Leucin-Fleck nach-

weisen, ein Beweis dafür, daß das $[^{14}C]$Leucin während der
24 Stunden nach der Aufnahme aus der Nährlösung nicht
wesentlich abgebaut wird. Hydrolysiertes Protein aus denselben
Riella-Pflänzchen zeigt die $[^{14}C]$Radioaktivität ebenfalls
nur im Leucin.

Die Ergebnisse des Umlagerungsexperimentes sind in Tab.2
zusammengefaßt. Wie die Daten zeigen, erfolgt im Apikalbereich
A nach 24 Stunden eine Zunahme um etwa 25%, der eine Abnahme
an Radioaktivität im peripheren Bereich P gegenübersteht. Die
Umlagerung wird durch Actidion (20 µg/ml) gehemmt; dies
schließt aus, daß es sich um eine passive Verlagerung des
$[^{14}C]$Leucins z.B. im "free space" handelt. Anscheinend wird
Leucin aktiv zu den Meristemzellen transportiert.

Ein Vergleich mit den früheren Ergebnissen über die Verlagerung
von $[^{32}P]$Verbindungen zwischen den Flügelzellen von
Riella (VIELL, 1979) deutet daraufhin, daß Aminosäuren in
relativ geringfügigem Umfang zwischen den Thalluszellen transportiert
werden, der größte Teil verbleibt nach der Aufnahme
in den Zellen. Dafür sprechen auch die Ergebnisse von PLATZ
(1969). Man kann somit für die Kurzzeit-Experimente davon
ausgehen, daß innerhalb der dort eingehaltenen relativ kurzen
Inkubationsdauer (40 Minuten) keine nennenswerte Translokation
von $[^{14}C]$Leucin zwischen den Flügelzellen stattfindet.

Die Möglichkeit, ob ein oder mehrere Aminosäure-Pools in den
Riella-Zellen existieren, prüften wir durch die Bestimmung der
Aufnahmekinetik radioaktiven Leucins in einem Thallusbereich
(B). Abb.3 zeigt die Zunahme an Radioaktivität bei Dauerinkubation
mit $[^{14}C]$Leucin (60 µCi/ml) über 300 Minuten. Die Abb.3
zeigt das Ergebnis zweier Experimente (von insgesamt 5, die
alle das gleiche Resultat brachten) als Zunahme der Radioaktivität
in der löslichen Aminosäure-Fraktion und in der Protein-Fraktion.
In der Aminosäure-Fraktion erscheint die Radioaktivität
sehr rasch und nimmt linear bis etwa 150 Minuten nach
Inkubationsbeginn zu. Danach strebt die Kurve einem Sättigungsbereich
zu, der aber auch bei 300 Minuten noch nicht erreicht ist.
In der Protein-Fraktion steigt die Inkorporation nach einer

kurzen lag-Phase von etwa 50 Minuten etwa linear an. Dieser
Anstieg erfolgt deutlich bevor der Gesamt-Pool an freien
Aminosäuren mit $[^{14}C]$Leucin gesättigt ist. Aus diesem
Zeitversatz geht hervor, daß in den Riella-Zellen mehr als
ein Aminosäure-Pool existieren muß: ein kleiner (Vorläufer)-
Pool, der relativ rasch gesättigt ist und ein relativ
großer Pool, der selbst nach 300 Minuten noch nicht ge-
sättigt ist.

Eine Vorstellung über die maximale Größe des direkten Vorläufer-Pools in den Riella-Zellen gibt folgende Abschätzung:
die untersuchten Thallusbereiche weisen die in Tab. 1 ange-
gebene Menge an freien α-Aminoverbindungen auf. Bezogen auf
die Zelle erhöht sich der Gehalt kontinuierlich von 4,25 nMol
$\times 10^{-4}$ im Apikalbereich auf 10,97 nMol $\times 10^{-4}$. Der Aminosäure-
gehalt in den Riella-Zellen nimmt somit während der Differenzierung stärker zu als der Protein-Gehalt. Wie andere, dünn-
schichtchromatographische Auftrennungen von Riella-Extrakten
zeigten, bestehen die extrahierbaren Aminoverbindungen zu
etwa 2/3 aus proteinogenen Aminosäuren; etwa 7% von diesem
Anteil stellt die zelluläre Leucin-Menge. Zieht man nun die
Aufnahmekinetik heran (Abb. 3) so ergibt sich aus dem Kurvenverlauf für den direkten Vorläufer-Pool ein ungefähres Verhältnis von 10% des Gesamtpools. Es lägen somit weniger als
7 pMol Leucin in einem Thallusbereich vor.

2. Zweite Methode

Die Befunde über die Pool-Verhältnisse bei Riella zeigen,
daß der Kurzzeit-Markierung zur Bestimmung des Protein-Turnovers
einige Unsicherheiten anhaften. Insbesondere, wenn die Größe
des direkten Vorläufer-Pools nicht gemessen werden kann. Diese
Voraussetzung läßt sich allerdings in den kleinen Thallusbereichen nur sehr schwer erfüllen. Es erschien daher sinn-
voll, die Ergebnisse durch eine andersartige Versuchsanord-
nung zu untermauern.

Dazu wurden intakte Thalli über einen langen Zeitraum (12 Stunden) mit [^{14}C]Leucin inkubiert (100 µCi/ml), um möglichst viel Radioaktivität in die Versuchspflänzchen einzubauen. Die Thalli wurden kurz abgespült und für 24 Stunden in inaktive Nährlösung übertragen. In dieser Zeit sollte ein möglichst großer Teil des freien [^{14}C]Leucins weiter in zelluläres Protein eingebaut werden und die Umlagerung evtl. verfügbarer radioaktiver Aminosäure in den Zellen weitgehend beendet sein. Die Pflänzchen wurden dann erneut in inaktive Nährlösung übertragen. Von nun an wurden im Verlauf der nächsten 72 Stunden die verschiedenen Thallusbereiche ausgestanzt und die Radioaktivität in der Protein-Fraktion (Thallusregion A,B,C) bestimmt (s. Abb. 4). Wie die Ergebnisse zeigen, weist die Apikalregion A dabei einen überaus raschen Abfall der Radioaktivität auf etwa 30% der Anfangsaktivität auf. Die Regionen B und C mit den zunehmend älteren, differenzierten Zellen bauen ihr Protein deutlich langsamer ab. Bei den ältesten Zellen im Bereich C ist praktisch keine Abnahme der Radioaktivität erkennbar.

Der überaus steile Abfall im Apikalbereich würde auf einen Turnover von etwa 1% pro Stunde hindeuten, ein sehr rascher Protein-Turnover für pflanzliche Zellen (HUFFAKER und PETERSON, 1974). Dieser Umstand führte zu der Überlegung, ob während des relativ langen Untersuchungszeitraumes von 72 Stunden Wachstumsprozesse bei der Probenentnahme berücksichtigt werden müssen.

Das Ausstanzen der Thallusbereiche orientiert sich an der äußeren Morphologie der Pflanze. Wenn man den Thallus durch einen kleinen Einschnitt in der Apikalregion markiert (Abb. 5a), so wandert diese Kerbe durch den Zellenzuwachs im Meristem in den folgenden 3 Tagen basalwärts in die Position der Abb. 5b. Durch diesen Zuwachs verschieben sich die Zellen des ehemaligen Bereiches A. Radioaktiv markierte Zellen dieses Bereiches werden somit durch neue, wahrscheinlich unmarkierte Zellen ersetzt. Für den Apikalbereich ist diese "Zellenverschiebung" offensichtlich nicht unerheblich, für die beiden basalen Thallusbereiche B und C bleibt sie geringfügig.

Wir wiederholten daher die Bestimmung der Abbaurate und
setzten der inaktiven Nährlösung Actidion hinzu (50 µg/ml).
Eine Konzentration, die nach eigenen Versuchen bei Riella
innerhalb weniger Stunden zu einer vollständigen Inkorporationshemmung führt. Dadurch sollte nicht nur die Zellvermehrung, sondern auch gleichzeitig die Wiederverwendung
radioaktiven Leucins aus abgebautem Protein verhindert
werden.

Der Verlauf der Abnahme an Radioaktivität in der Protein-
Fraktion der verschiedenen Thallusregionen ist Abb. 6 zu
entnehmen. Bei Hemmung der Protein-Synthese durch Actidion
sinkt die Radioaktivität im Apikalbereich erheblich weniger
steil ab als ohne Behandlung. Hier ist durch die Blockade
der Protein-Synthese auch das Wachstum unterbunden. Neue,
unmarkierte Zellen können nicht mehr gebildet werden. Die
Abnahme der Radioaktivität ist somit ausschließlich dem
intrazellulären Protein-Abbau zuzuschreiben. In den anderen
Bereichen B und C ist der Kurvenverlauf etwa so wie ohne
Actidion-Behandlung. Hier sind wachstumsbedingte Verschiebungen der untersuchten Bereiche bedeutungslos (vergl. Abb.5).

Wie die Ergebnisse zeigen, herrscht im jungen Apikalbereich
A ein relativ hoher Protein-Turnover von etwa 0,4%/Stunde
vor; er verändert sich im Verlauf der Differenzierung
anscheinend kaum (etwa 0,4 - 0,5%/Stunde für den Thallusbereich B). Im basalen Bereich C hingegen verlangsamt der
Turnover sich deutlich. Die ältesten Zellen bei Riella setzen
ihr Protein mit einer Rate von etwa 0,25%/Stunde um.

Mit der 2. Methode verhalten sich die Turnover-Raten der beiden
jüngeren Thallusbereiche A und B offensichtlich gleich,
während die erste Methode deutliche Unterschiede erbrachte.
Wahrscheinlich verschieben unkontrollierbare Pool-Verhältnisse
die Ergebnisse der ersten Methode. Aus beiden Varianten der
Turnover-Bestimmung geht aber eindeutig hervor, daß junge
Riella-Zellen einen rascheren Protein-Umsatz erzielen als
die alten, differenzierten Zellen.

b) Proteolytische Enzymaktivität

Der intrazelluläre Protein-Turnover erfolgt durch intrazelluläre Enzyme, die kontinuierlich einen Teil der Proteine abbauen (HUFFAKER und PETERSON, 1974; RYAN, 1973). Deshalb ist es interessant zu untersuchen, inwieweit sich der unterschiedliche Protein-Turnover in den Riella-Zellen mit einer entsprechenden proteolytischen Enzymaktivität korrelieren läßt. Da über Proteasen bei Moosen keine Daten vorliegen, galt es zunächst, diese Enzyme ganz allgemein nachzuweisen und zu charakterisieren.

Zuerst wurde die Enzymaktivität in Homogenaten aus ganzen Pflanzen getestet, und zwar mit verschiedenen Substraten und bei verschiedenem pH-Wert. Abb. 7a zeigt die Aktivität von Riella-Enzymextrakt mit Casein als Substrat; Abb. 7b mit Azocoll (PIKE und BRIGGS, 1972); Abb. 7c mit Rinderserumalbumin (MARTIN und THIMAN, 1972); Abb. 7d mit Hämoglobin als Substrat (MARTIN und THIMAN, 1972). Für Casein ist ein Optimum bei pH 5,0 zu erkennen, das sich mit Rinderserumalbumin etwas verschiebt. Azocoll und Hämoglobin werden nur geringfügig und möglicherweise unspezifisch von den Riella-Proteasen abgebaut.

STOREY und BEEVERS (1977) verwendeten zelleigenes, denaturiertes Protein für ihre Untersuchungen über die proteolytische Aktivität in Pisum-Extrakten. Nach ihren Befunden ist ein solches Substrat besser als ein künstliches, auch als Casein. Wir denaturierten ebenfalls Riella-Protein nach dem angegebenen Verfahren. Es wurde jedoch von den Riella-Proteasen kaum abgebaut und eignete sich daher auch nicht als Test-Substrat.

Die caseolytische Enzymaktivität gilt allgemein als Indikator für die Endopeptidaseaktivität (FELLER et. al., 1978). Exopeptidasen können mit anderen Substraten erfaßt werden. Mit diesen Substraten ergeben sich im Riella-Enzymextrakt basischere pH-Optima: Die Carboxypeptidase baut ihr Substrat bei pH 7,1 am besten ab (Abb. 8a), die Aminopeptidase bei pH 7,8 (Abb. 8b). Diese Enzyme unterscheiden sich somit deutlich von der caseolytischen Enzymaktivität.

In orientierenden Versuchen wurde geprüft, ob die Endopeptidasefraktion bei Riella homogen ist oder ob sie aus mehreren verschiedenen Enzymen besteht: Nach Dialyse von Extrakten aus Riella verringert sich die caseolytische Enzymaktivität etwa auf die Hälfte. EDTA reduziert die Aktivität ebenfalls; beides ein Hinweis für eine Abhängigkeit der Casein spaltenden Enzyme von Metallionen. Tatsächlich läßt sich die Aktivität in dialysierten Extrakten durch Zugabe von Mg^{++} oder Ca^{++} stimulieren. Auf der anderen Seite hemmt Phenyl-methyl-sulfonyl-Fluorid die Aktivität deutlich; diese Verbindung gilt als Inhibitor von Serin-Proteasen (PIKE und BRIGGS, 1972). Auch $HgCl_2$ hemmt die Enzymaktivität in Riella-Extrakten. Offensichtlich sind SH-Gruppen für eine optimale Protease-Aktivität erforderlich. Alle diese Befunde deuten daraufhin, daß mehrere Endopeptidasen in den Riella-Zellen vorliegen.

Für die Bestimmung der Enzymaktivität in unterschiedlichen Thallusbereichen liefern die ausgestanzten Thallusscheibchen nicht genügend Analysenmaterial. Deshalb wurde der Riella-Thallus mit einem feinen Skalpel halbiert oder gedrittelt und die Achse von den Fragmenten abgetrennt. Dadurch ergibt sich ein Apikalfragment mit dem Meristem und jungen differenzierten Zellen und ein bzw. zwei Basalfragmente mit älteren, ausschließlich differenzierten Zellen.

Wie die Tab. 3 zeigt, ist die caseolytische, bzw. azocaseolytische Enzymaktivität in beiden untersuchten Thallusregionen signifikant unterschiedlich. Der Basalabschnitt weist die doppelte Enzymaktivität auf im Vergleich zur Apikalhälfte. Die Carboxypeptidaseaktivität steigert sich ebenfalls, aber geringfügiger von apikal nach basal (Tab. 4). Auch die Aktivität der Aminopeptidase ist in den basalen Thallusabschnitten höher (Tab. 4); dieser Unterschied läßt sich allerdings statistisch nicht sichern. Aus den Enzymbestimmungen wird deutlich, daß die Aktivität der Proteasen bei Riella sich im Verlauf der Differenzierung und Alterung steigert.

Diskussion

a) Proteolytische Enzymaktivität in Riella-Zellen

Das Spektrum an Proteasen bei Riella ist denen bei höheren Pflanzen sehr ähnlich. So liegt das pH-Optimum der Endopeptidasen höherer Pflanzen meist im sauren Bereich, das der Aminopeptidase- bzw. Carboxypeptidaseaktivität meist um den Neutralpunkt oder im basischen Bereich (zB. RYAN, 1973). Dieses möglicherweise für Pflanzen generelle Phänomen gilt offensichtlich auch für das in extrem alkalischem Milieu (pH-Wert 8-9) lebende Lebermoos Riella helicophylla.

Bei allen tierischen und pflanzlichen Zellen besteht die Funktion intrazellulärer Proteasen in einem ständigen Abbau des intrazellulären Proteins (HUFFAKER und PETERSON, 1974; GOLDBERG und ST. JOHN, 1976), ein stoffwechselphysiologischer Vorgang, den man in Anlehnung an AMENTA (1978) als Basal-Protein-Abbau bezeichnen könnte. Eine zusätzliche Aufgabe erfüllen Proteasen zB. in Organen höherer Pflanzen bei der Reservierung wertvollen Aminostickstoffs (Seneszenz) oder der Mobilisierung von Aminosäuren (Keimung).

Die Befunde an Riella deuten auf eine gewisse Parallele zur Blatt-Seneszenz höherer Pflanzen hin. Dort steigt die Endopeptidaseaktivität zu Beginn der Seneszenz stark an, Aminopeptidase- und Carboxypeptidaseaktivität nehmen in ihrer Aktivität nicht zu (FELLER und ERISMANN, 1978; FELLER, 1978). Bei Riella ist die Endopeptidaseaktivität im basalen Thallusbereich (ältere Zellen) deutlich erhöht im Vergleich zum jungen Apikalbereich. Hingegen ist die Aktivität der beiden anderen Proteasen nur leicht verändert. Auch die Erhöhung des Aminosäure-Gehaltes in den Riella-Zellen bei zunehmendem Alter ähnelt den Verhältnissen bei der Blatt-Seneszenz (vergl. zB. THOMAS, 1978).

Diese Parallelen führen zu der Vermutung, bei der Blatt-Seneszenz und der Alterung differenzierter Riella-Zellen handele es sich um gleichartige stoffwechselphysiologische Vorgänge. Vergleicht man jedoch den Protein-Abbau, so

sprechen die Ergebnisse dagegen. In alternden Blättern muß
ein starker Abbau vorherrschen, da sich der Protein-Gehalt
in den Blättern in wenigen Tagen stark vermindert (STOREY
und BEEVERS, 1977; THOMAS, 1978). Bei Riella bleibt der
Protein-Gehalt in den Thallusbereichen auch über mehrere
Tage unverändert und außerdem ist der Protein-Abbau gerade
im basalen Thallusbereich extrem langsam im Vergleich zu den
jüngeren Thallusbereichen. Aus der Gegenüberstellung beider
Befunde, der relativ hohen Enzymaktivität und dem relativ
niedrigen tatsächlichen Protein-Abbau in den älteren
Riella-Zellen, wird deutlich, wie wichtig es ist, beide
Parameter gleichzeitig zu bestimmen.

b) Protein-Turnover bei Riella

Wie schon erwähnt, ist es bei Riella berechtigt, von der
Abbau-Rate auf eine Turnover-Rate gleicher Größe zu schließen,
da sich in der Netto-Bilanz der Protein-Gehalt in den Zellen
nicht ändert. Bei unseren ersten Versuchen über die Größe
des Protein-Turnovers bei Riella führten wir die Messungen
zunächst an ganzen Pflänzchen durch. Es ergaben sich Turnover-Raten von etwa 0,3%/Stunde, die mit den späteren
Bestimmungen in einzelnen Thallusregionen sehr gut überein-
stimmen. Der Protein-Umsatz in dem Lebermoos Riella liegt
damit in der gleichen Größenordnung wie der in höheren Pflanzen. So wurden an Weizenkeimlingen Turnover-Raten von 0,4 -
0,5%/Stunde (HELLEBUST und BIDWELL, 1964), im Tabak-Kallus-
gewebe 1,1%/Stunde (KEMP und SUTTON, 1971) und in wachsenden
Kulturen von Lemna minor Abbau-Raten von 0,36% Stunde
(TREWAVAS, 1972) gemessen.

Es sei angemerkt, daß bei einigen, hier nicht zitierten
Turnover-Bestimmungen, die Größe des tatsächlichen Vorläufer-
Pools nicht berücksichtigt wird (Näheres s. HUFFAKER und
PETERSON, 1974). Wie jedoch von OAKS und BIDWELL (1970)
ausgeführt, ist in jeder pflanzlichen Zelle mit mehr als
einem Aminosäure-Pool zu rechnen. Zwei verschiedene Pools

sind in mehreren Objekten nachgewiesen worden, auch im
Vorkeim von Dryopteris filix-mas (PAYER, 1969), der
Riella am nächsten stehenden, untersuchten Art. Bei Riella
sind ebenfalls mindestens zwei Aminosäure-Pools zu unterscheiden, ein relativ großer (wahrscheinlich in der Vakuole
lokalisiert, vergl. MATILE, 1975) und ein relativ kleiner,
der wahrscheinlich als direkter Vorläufer-Pool (vergl.
HOLLEMAN und KEY, 1966) fungiert. Für die Untersuchung
des Protein-Turnovers ließen sich daher nur Methoden
einsetzen, die nicht die Kenntnis der Größe des Vorläufer-
Pools voraussetzen (vergl. HUFFAKER und PETERSON, 1974).
Neuerdings wurde ein entsprechendes Verfahren beschrieben
(HUMPHREY und ALWARD, 1975). Wir haben auch diese Methode
bei Riella getestet. Anders als bei den von HUMPHREY und
ALWARD verwendeten Lemna-Kulturen baut Riella jedoch keine
nennenswerten Mengen an Radioaktivität in die Protein-
Fraktion ein, wenn es mit tritiiertem Wasser inkubiert wird.
Damit ist diese Methode für Riella ungeeignet.

Turnover-Bestimmungen wurden bisher an ganzen Pflanzen
durchgeführt (l.c.). In unseren Versuchen sollten jedoch
wenigzellige Teilbereiche des ohnehin nur einige Millimeter
großen Riella-Thallus miteinander verglichen werden. Mit
den beiden angewendeten Verfahren gelang es, verschieden
differenzierte Zellen voneinander getrennt zu untersuchen. Aus den Ergebnissen geht hervor, daß die verschieden
alten Zellen von Riella tatsächlich einen unterschiedlichen
Protein-Turnover aufweisen. Generell läßt sich formulieren,
daß bei Riella alte Zellen einen niedrigeren Protein-Abbau
und damit Protein-Turnover zeigen als junge Zellen.

Vergleichbare Daten aus der Literatur vermitteln kein ein-
heitliches Bild: Einerseits haben alte, hungernde Zellen meist
einen hohen Protein-Turnover im Vergleich zu jungen, gut
wachsenden Kulturen (MATILE, 1975). Andererseits gibt es Zell-
kulturen, die in stationärer Phase ihren Protein-Abbau nicht
vergrößern (TANAKA und ICHIKARA, 1977) oder Beispiele für hohe
Turnover-Raten während der von Wachstum begleiteten Differenzierung (SCHWALB, 1977; WENDELBERGER-SCHIEWEG und HÜTTER-

MANN, 1978). Zu nennen sind hier auch Befunde von HELLEBUST und BIDWELL (1964), die in rasch wachsenden Weizenblättern einen Protein-Turnover von 0,4-0,5%/Stunde, in nicht-wachsenden Blättern hingegen 0,2 - 0,3%/Stunde ermittelten. In Zwiebelwurzelspitzen werden die meisten Polypeptide mit einer hohen Synthese-Rate in der meristematischen Region synthetisiert; in den differenzierten Zellen des proximalen Bereiches hat nur eine relativ kleine Polypeptid-Fraktion einen hohen Markierungsindex (NAVARRETE und BERNABEU, 1978). Dies läßt auf ähnliche Turnover-Verhältnisse wie bei Riella schließen. Jedoch sind weitere Untersuchungen an anderen Objekten erforderlich, bei denen zwischen meristematischen und differenzierten Zellen unterschieden wird. Erst dann läßt sich entscheiden, ob sich die bei Riella gewonnenen Befunde verallgemeinern lassen.

Eine andere interessante Frage zielt darauf, wodurch der Protein-Turnover in den älteren, differenzierten Riella-Zellen verlangsamt wird. Bei dem im Thallus nachweisbaren "source-sink"-System (STANGE, 1957; PLATZ, 1969; VIELL, 1979) gehen sicherlich wichtige Einflüsse vom apikalen Meristem auf den Stoffwechsel der differenzierten Zellen im Flügel aus, möglicherweise über Pflanzenhormone (STANGE, 1977). Ein derartiger Einfluß könnte zunächst bei den freien, verfügbaren Aminosäuren der differenzierten Zellen ansetzen (Translokation der Aminosäuren zum Meristem). Dadurch könnten die differenzierten Flügelzellen an Aminosäuren verarmen; in der Folge sänke auch die Rate des Protein-Turnovers. Diese Möglichkeit erscheint jedoch unwahrscheinlich. Zwar läßt sich tatsächlich ein intensiver, apikalwärts gerichteter Transport nachweisen. Andererseits aber verarmen die differenzierten Zellen im Flügel nicht, sondern weisen vielmehr einen zunehmenden Gehalt an Aminosäuren auf, je älter sie sind.

Das Meristem könnte auch die proteolytische Enzymaktivität
in den differenzierten Zellen hemmen. Z.B. durch Stimulation
spezifischer Inhibitoren oder Beeinflussung des intrazellulären Milieus in eine für die Proteasen ungünstigere Richtung
(pH, Ionen, etc.). Da die Proteasen in Riella-Extrakten tatsächlich durch Hemmstoffe, Ionen und pH-Verschiebung beein-
flußbar sind, ist diese Möglichkeit nicht auszuschließen.
Andererseits spricht die gemessene höhere Enzymaktivität
im basalen Bereich des Thallus dagegen. Vor allem ließe sich
aber nur schwer vorstellen, wie ein solcher Einfluß des
Meristems in den basalen Thalluszellen Wirkung zeigt, in den
eng benachbarten Zellen des Apikalbereiches jedoch nicht.
Denn diese Zellen weisen ja sogar einen leicht erhöhten
Protein-Turnover auf im Vergleich zu den jungen Apikalzellen.

Attraktiver erscheint uns eine dritte Möglichkeit, bei der
ebenfalls verständlich bleibt, warum die Enzymaktivität in
homogenisierten Zellen des Basalbereiches relativ hoch, in
intakten Zellen aber relativ niedrig ist: Für sich differen-
zierende Pflanzenzellen ist eine zunehmende Vakuolisierung
typisch (MATILE, 1975).Infolge dieser zunehmenden Vakuolisierung, die bei Riella leicht beobachtet werden kann (STANGE,
1957), könnten die Proteasen zunehmend vom Cytosol abgeschot-
tet werden. Sie wären dadurch immer weniger in der Lage,
Proteine abzubauen, selbst wenn ihr mengenmäßiger Anteil an
den zellulären Proteinen nicht abnimmt. Dies setzt allerdings
voraus, daß die Proteasen bei Riella tatsächlich in der Vakuole
lokalisiert sind, wie es inzwischen für andere Pflanzen nachgewiesen wurde (NISHIMURA und BEEVERS, 1978; BOLLER und KENDE,
1979).

Frl. stud. rer. nat. I. Fenners und M. Lauterbach sei gedankt
für engagierte und zuverlässige Hilfe bei der Durchführung der
Versuche.

Literaturverzeichnis

AMENTA, J.S., M.J.SARGUS, and F.M.BACCINO: J. Cell. Physiol. 97, 267-284 (1978).

ARIAS, I.M., D.DOYLE, and R.T.SCHIMKE: J. Biol. Chem. 244, 3303-3315 (1969).

BOLLER, T. and H. KENDE: Plant Physiol. 63, 1123 (1979).

BUTCHER, E.C. and O.H.LOWRY: Anal. Biochem. 76, 502-523 (1976).

CHRISPEELS, M.J. and D.BOULTER: Plant Physiol. 55, 1031-1037 (1975).

FELLER, U.: Plant and Cell Physiol. 19, 1489-1495 (1978).

FELLER, U. und K.ERISMANN: Z. Pflanzenphysiol. 90, 235-244 (1978).

FELLER, U., T.TAI-SEN, and R.H.HAGEMANN: Planta (Berlin) 140, 155-162 (1978).

GOLDBERG, A.L. and A.C.ST.JOHN: Ann. Rev. Biochem. 45, 747-803 (1976).

HELLEBUST, J.A. and R.G.S.BIDWELL: Can. J. Bot. 42, 1-12 (1964).

HOLLEMANN, J.M. and J.L.KEY: Plant Physiol. 42, 29-36 (1967).

HUFFACKER, R.C. and L.W.PETERSON: Ann. Rev. Plant Physiol. 25, 363-392 (1974).

HUMPHREY, J. and J.ALWARD: Biochem. J. 148, 119-127 (1975).

KEMP, J.D. and D.W.SUTTON: Biochemistry 10, 81-88 (1971).

LOWRY, O.H., N.J.ROSEBROUGH, A.L.FARR, and R.J.RANDALL: J. Biol. Chem. 193, 265-275 (1951).

MARTIN, C. and K.V. THIMANN: Plant Physiol. 49, 64-71 (1972).

MATILE, P.: The Lytic Compartment of Plant Cells. Springer, Wien-New York, 1975.

NAVARRETE, M.H. and C.BERNABEU: Planta (Berlin) 142, 147 (1978).

NEUHOFF, V.: Micromethods in Molecular Biology. Berlin, Heidelberg, New York, Springer 1973.

NISHIMURA, M. and H.BEEVERS: Plant Physiol. 62, 44 (1978).

NOWAK, J. und T.MIERZWRINSKA: Z. Pflanzenphysiol. 86, 15-22 (1978).

OAKS, A.: Plant Physiol. 40, 142-149 (1965).
OAKS, A. and R.G.S. BIDWELL: Ann. Rev. Plant Physiol. 21, 43-66 (1970).
PAYER, H.D.: Planta (Berlin) 86, 103-115 (1969).
PIKE, G.S. and W.R. BRIGGS: Plant Physiol. 49, 521 (1972).
PLATZ, H.: Dissertation Köln, 1969.
RYAN, C.A.: Ann. Rev. Plant Physiol. 24, 173-196 (1973).
SCHWALB, M.N.: J. Biol. Chem. 252, 8435 (1977).
STANGE, L.: Z. Bot. 45, 197-244 (1957).
STANGE, L.: Planta (Berlin) 135, 289-295 (1977).
STOREY, R. and L. BEEVERS: Planta (Berlin) 137, 37-44 (1977).
STRAUB, J.: Biol. Zentralblatt 67, 479-489 (1948).
TANAKA, K. and A. ICHIKARA: J. Cell Physiology 93, 407 (1977).
THOMAS, H.: Planta (Berlin) 142, 161-169 (1978).
TREWAVAS, A.: Plant Physiol. 49, 40-46 (1972).
TROUE, W.: Dissertation Hannover, 1974.
VIELL, B.: PLANTA (Berlin) 137, 13-18 (1977).
VIELL, B. und I. SCHAAR: Biochem. Physiol. Pflanzen 174, 780 (1979).
VIELL, B.: Z. Pflanzenphysiol. 98, 419-427 (1980).
WEBER, E.: Grundriß der Biologischen Statistik, Gustav Fischer Verlag, Stuttgart 1967.
WENDELBERGER-SCHIEWEG, G. and A. HÜTTERMANN: Microbiology 117, 27 (1978).

Anhang
a) Tabellen

Thallus-Bereich	SF dpm	ISF dpm	ISF/SF	Protein µg	ISF/SF/µg Protein	Aminosäuren nMol	Aminosäuren/Zelle nMol
1	813,7	1414,6	1,73	0,30	5,79	1,06	$4,25 \times 10^{-4}$
2	879,6	1020,9	1,16	0,26	4,46	0,84	$5,64 \times 10^{-4}$
3	678,8	592,5	0,87	0,25	3,48	0,86	$7,80 \times 10^{-4}$
4	465,4	285,9	0,61	0,18	3,41	0,87	$10,97 \times 10^{-4}$

Tab. 1 Inkorporation von [^{14}C]Leucin in verschiedene Thallusbereiche des Lebermooses Riella helicophylla. Ganze Pflanzen wurden 40 Minuten lang in radioaktiver Nährlösung inkubiert und danach die Radioaktivität in der TCA-löslichen (SF) und -unlöslichen Fraktion (ISF) bestimmt. Die Angaben beziehen sich auf 1 mm² Thallusfläche ; in der letzten Spalte ist d Aminosäure-Gehalt pro Zelle aufgeführt.

Versuchs-serie	Bereich A			Bereich B			Bereich C			Bereich P		
	0 h	24 h -	Act.	0 h	24 h -	Act.	0 h	24 h -	Act.	0 h	24 h -	Act.
1	4045	5209	3642	1826	1648	1490	936	994	944	681	561	674
2	2889	4100	4611	2336	2124	2346	925	1046	964	877	599	924
3	2959	3167	2094	1311	1369	1089	870	704	663	438	366	386
4	4034	4765	3834	1764	1603	1666	907	950	925	610	499	561
x̄	3842	4310	3545	1809	1686	1647	910	924	874	652	506	636

Tab. 2 Verlagerung von [^{14}C]Leucin im Flügelgewebe des Thallus von Riella helicophylla. Ganze Pflanzen wurden inkubiert über 4 Stunden und danach in inaktive Nährlösung ohne und mit Actidion (Act.) übertragen. Zu Beginn und nach 24 Stunden dieser Umlagerungsphase wurden Proben ausgestanzt und die Gesamt-Radioaktivität bestimmt. Angaben in dpm/mm^2 Thallusfläche.

	Casein als Substrat	Azocasein als Substrat
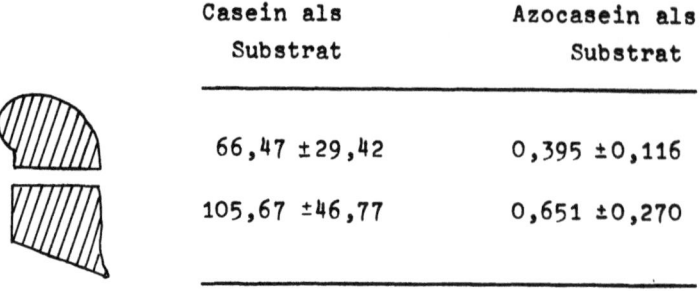	66,47 ±29,42	0,395 ±0,116
	105,67 ±46,77	0,651 ±0,270

Tab. 3 Endopeptidaseaktivität in Riella-Enzymextrakten aus apikalen und basalen Fragmenten des Flügels (mit zwei verschiedenen Substraten bestimmt). Angaben in relativen Einheiten bezogen auf den Protein-Gehalt des Extraktes ± Vertrauensintervall ($\alpha = 0,05$; $n = 11$).

	Carboxypeptidase	Aminopeptidase
	172,2 ±26,3	5,26 ±0,77
	177,3 ±27,2	5,33 ±0,80
	199,0 ±26,1	5,50 ±0,85

Tab. 4 Exopeptidaseaktivität in Riella-Enzymextrakten aus verschiedenen Fragmenten des Flügels. Angaben in relativen Einheiten bezogen auf den Protein-Gehalt des Extraktes ± Vertrauensintervall ($\alpha = 0,05$; $n = 14$).

b) Abbildungen

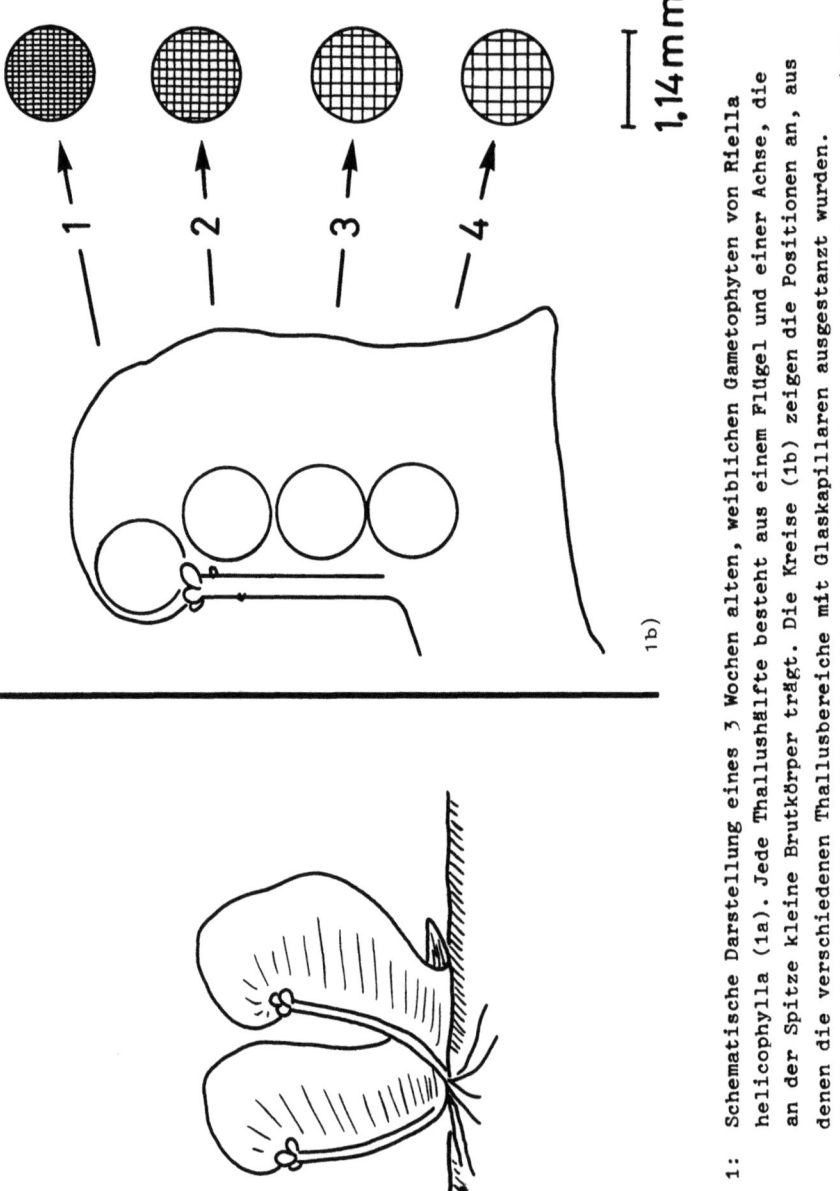

Abb. 1: Schematische Darstellung eines 3 Wochen alten, weiblichen Gametophyten von Riella helicophylla (1a). Jede Thallushälfte besteht aus einem Flügel und einer Achse, die an der Spitze kleine Brutkörper trägt. Die Kreise (1b) zeigen die Positionen an, aus denen die verschiedenen Thallusbereiche mit Glaskapillaren ausgestanzt wurden. Thallusbereich 1 beinhaltet im wesentlichen meristematische, 2 - 4 differenzierte Zellen zunehmenden Alters. Die Schraffur deutet die zunehmende Zellvergrößerung von apikal nach basal an.

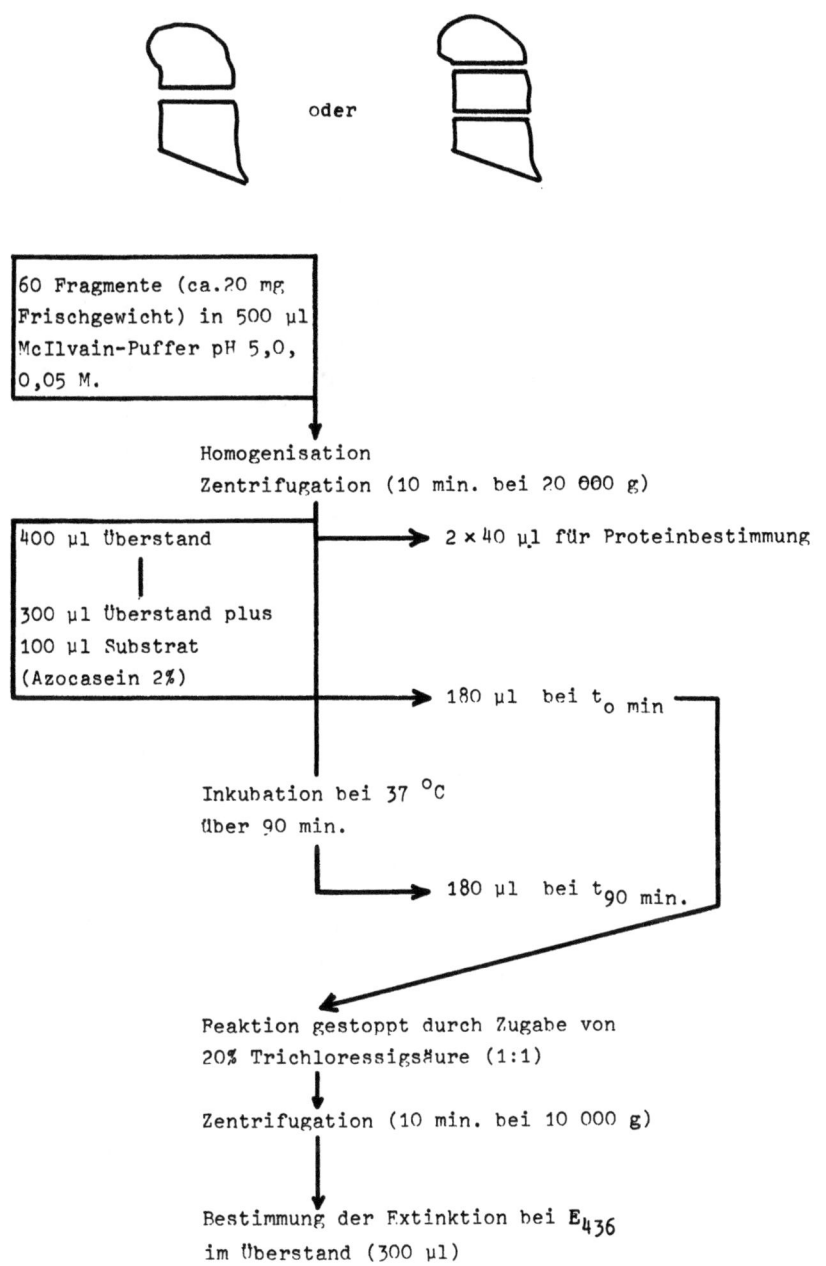

Abb. 2: Übersicht über die proteolytische Enzymbestimmung in verschiedenen Fragmenten des von der Achse abgetrennten Flügels von Riella helicophylla (Azocasein als Substrat).

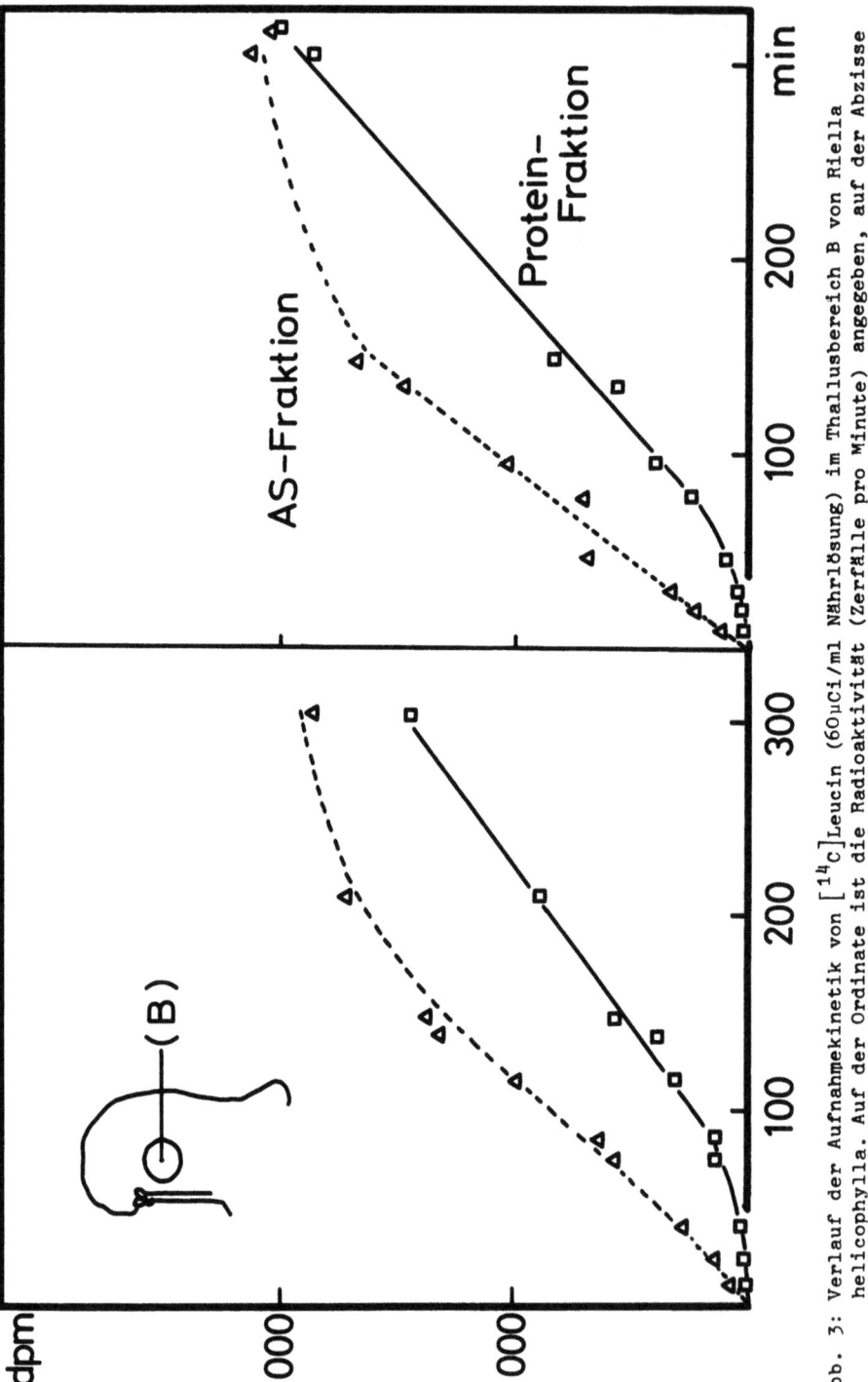

Abb. 3: Verlauf der Aufnahmekinetik von [^{14}C]Leucin (60 µCi/ml Nährlösung) im Thallusbereich B von Riella helicophylla. Auf der Ordinate ist die Radioaktivität (Zerfälle pro Minute) angegeben, auf der Abzisse die Zeit (Minuten). Der Kurvenverlauf zeigt die Zunahme in der Aminosäure-Fraktion (△……△) und in der Protein-Fraktion (□———□) bei zwei verschiedenen (links und rechts) Versuchsserien.

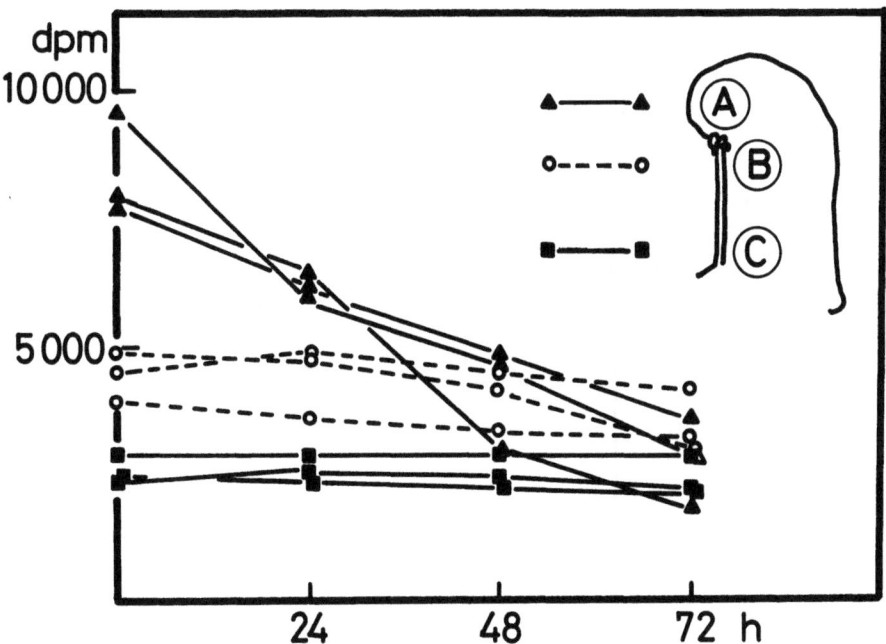

Abb. 4: Abnahme der Radioaktivität in der Protein-Fraktion verschiedener Thallusbereiche von Riella helicophylla über 72 Stunden. Die Kurven stellen jeweils den Mittelwert aus drei Versuchsreihen dar.

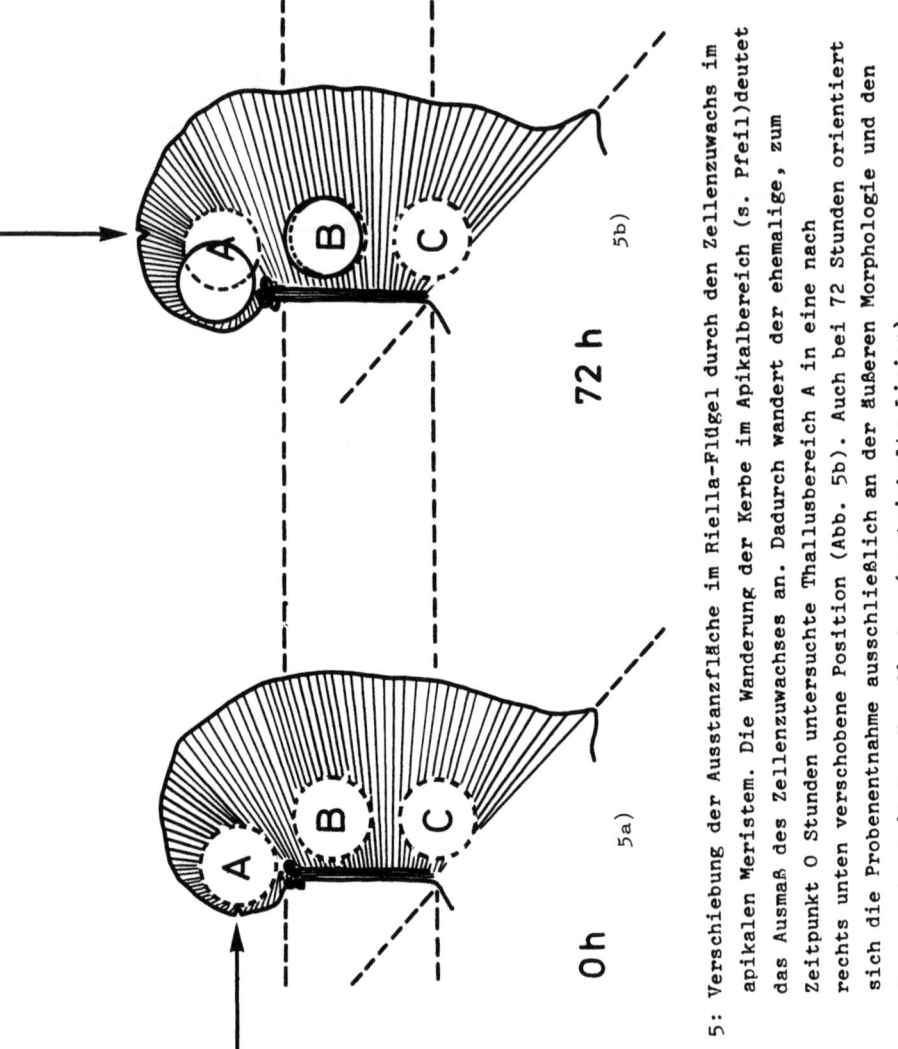

Abb. 5: Verschiebung der Ausstanzfläche im Riella-Flügel durch den Zellenzuwachs im apikalen Meristem. Die Wanderung der Kerbe im Apikalbereich (s. Pfeil) deutet das Ausmaß des Zellenzuwachses an. Dadurch wandert der ehemalige, zum Zeitpunkt 0 Stunden untersuchte Thallusbereich A in eine nach rechts unten verschobene Position (Abb. 5b). Auch bei 72 Stunden orientiert sich die Probenentnahme ausschließlich an der äußeren Morphologie und den daraus abgeleiteten Koordinaten (gestrichelte Linien).

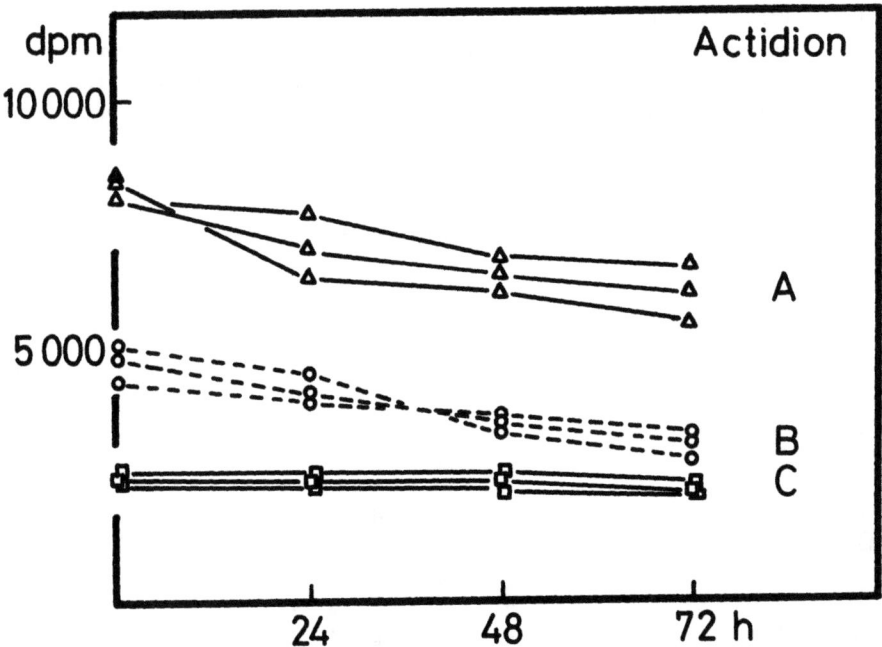

Abb. 6: Abnahme der Radioaktivität in der Protein-Fraktion verschiedener Thallusbereiche von Riella helicophylla über 72 Stunden bei Actidion-Behandlung (vergl. Abb. 4).

Abb. 7: Proteolytische Enzymaktivität (Endopeptidasen) in Extrakten von Riella helicophylla als Funktion des pH-Wertes im Bestimmungsmedium: a) für Casein, b) für Azocoll, c) für Rinderserumalbumin und d) für Hämoglobin als Enzymsubstrat. Angegeben sind die Meßwerte als relative Einheiten aus bis zu 7 Versuchsreihen.

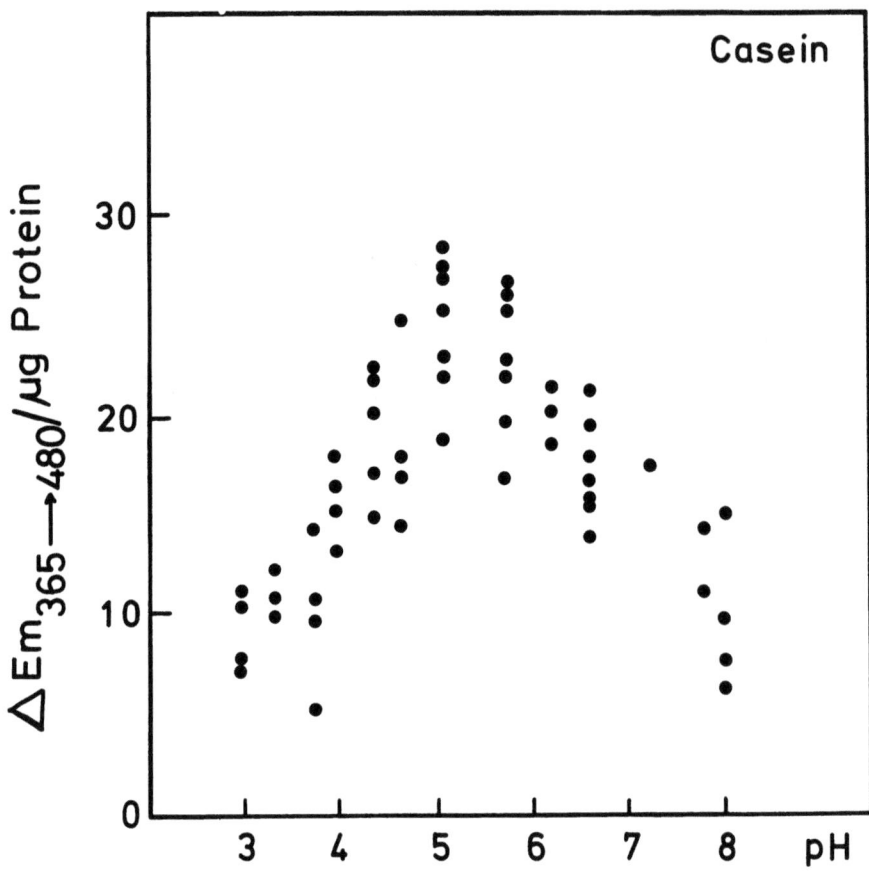

7a)

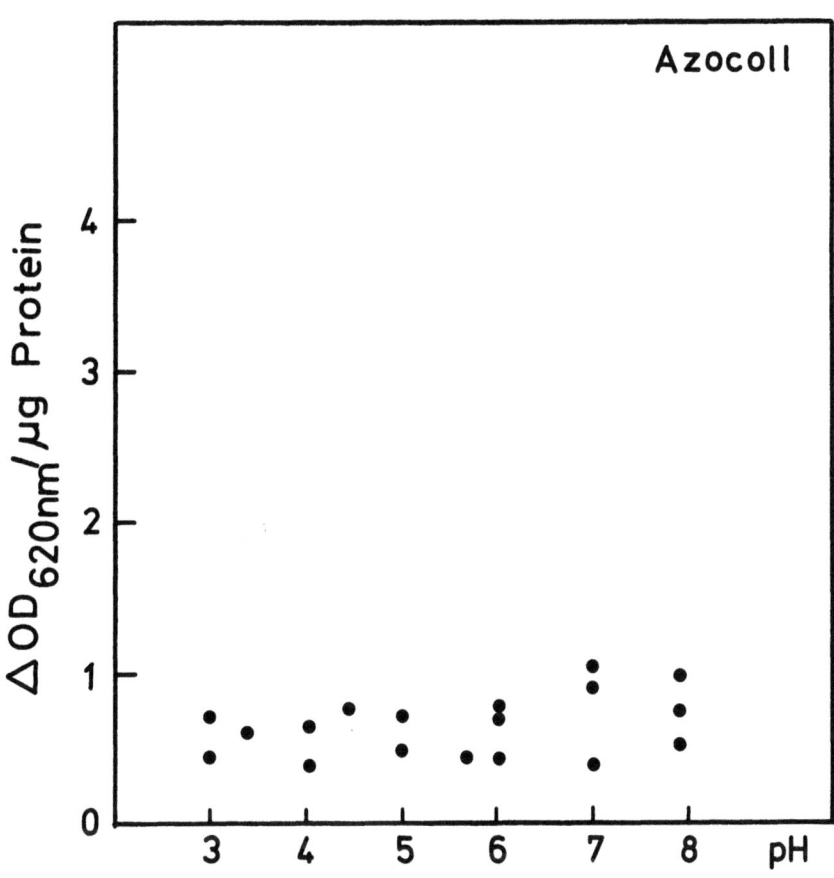
7b)

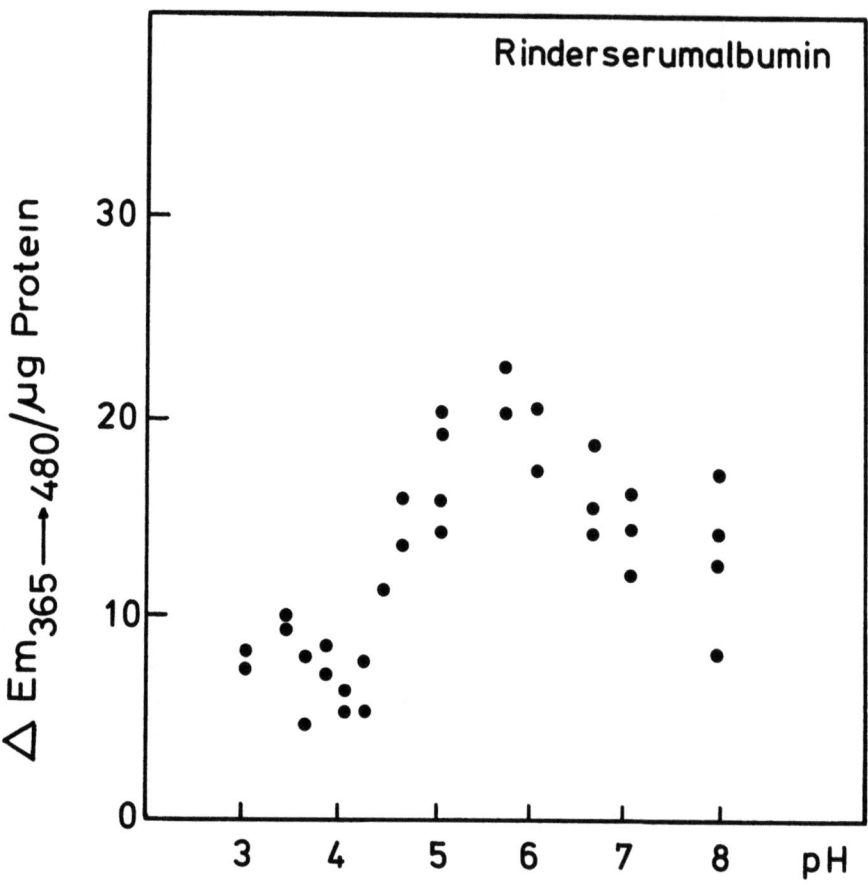

7c)

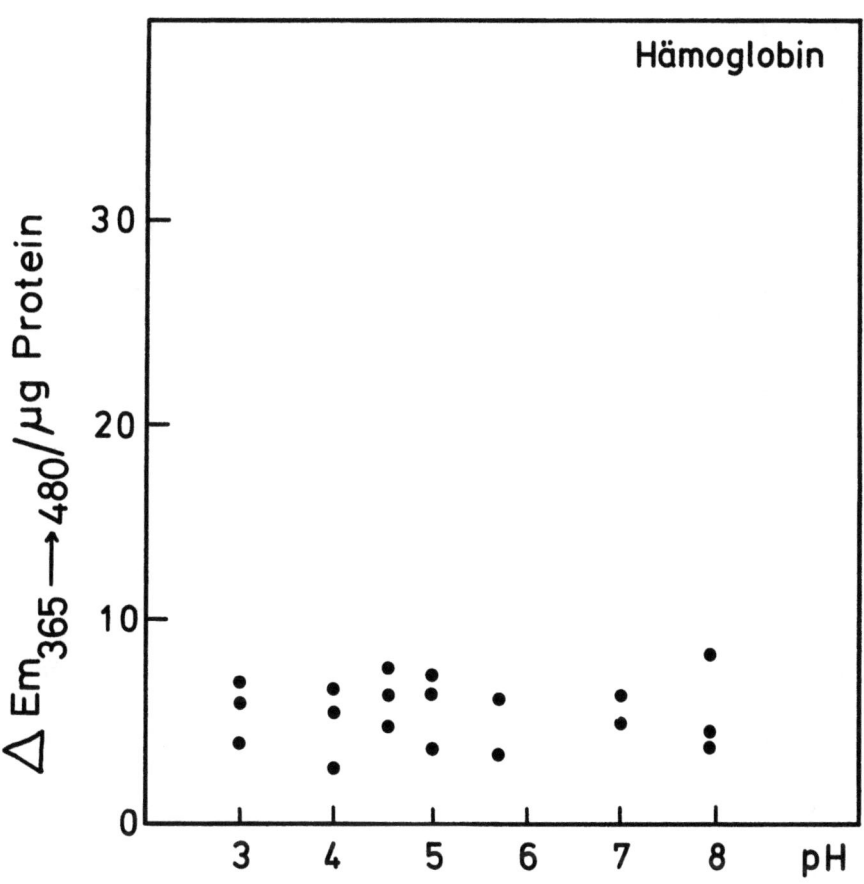

7d)

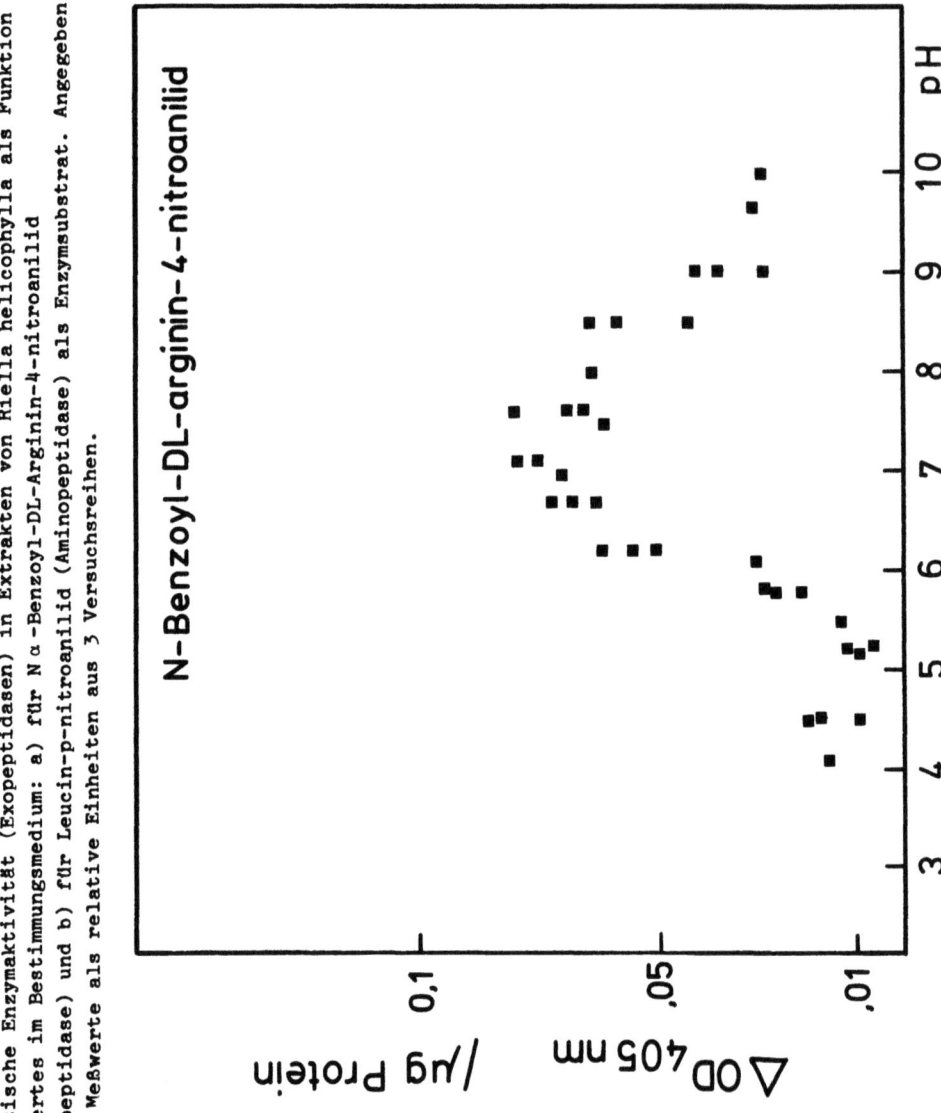

Abb. 8: Proteolytische Enzymaktivität (Exopeptidasen) in Extrakten von Riella helicophylla als Funktion des pH-Wertes im Bestimmungsmedium: a) für N α-Benzoyl-DL-Arginin-4-nitroanilid (Carboxypeptidase) und b) für Leucin-p-nitroanilid (Aminopeptidase) als Enzymsubstrat. Angegeben sind die Meßwerte als relative Einheiten aus 3 Versuchsreihen.

8a)

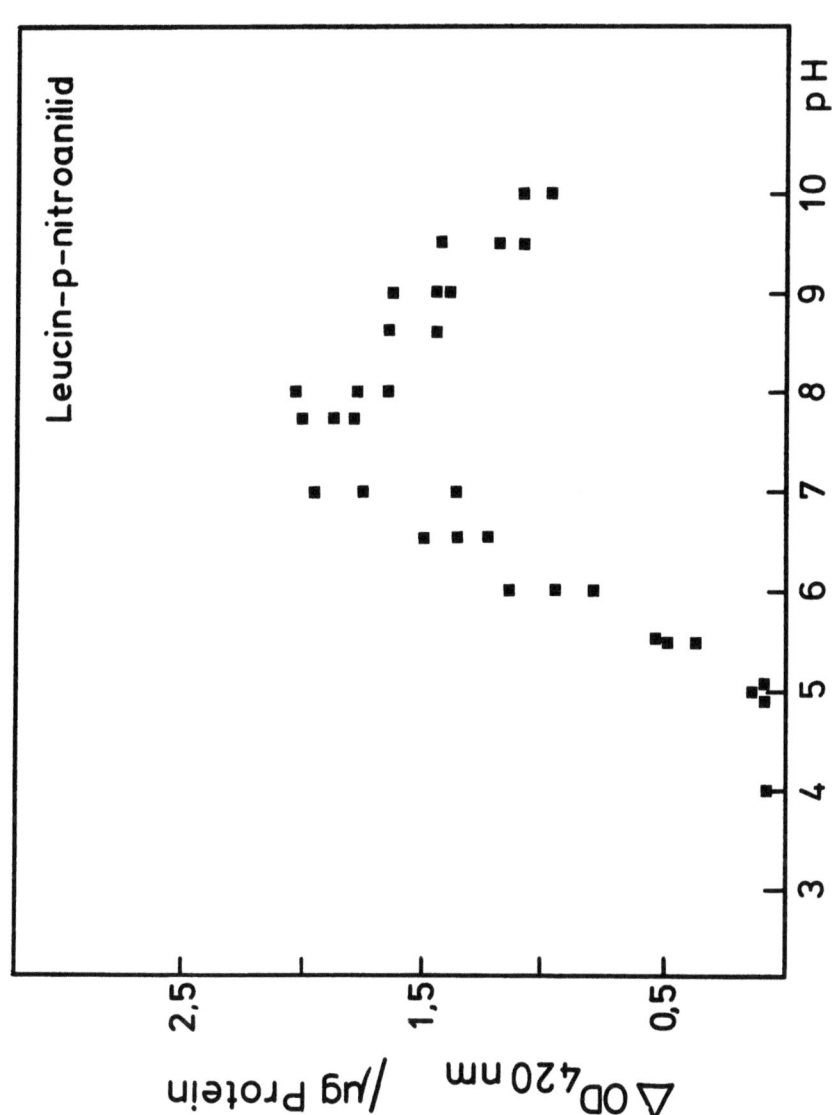

8b)

FORSCHUNGSBERICHTE
des Landes Nordrhein-Westfalen

*Herausgegeben
vom Minister für Wissenschaft und Forschung*

Die „Forschungsberichte des Landes Nordrhein-Westfalen" sind in zwölf Fachgruppen gegliedert:

Geisteswissenschaften
Wirtschafts- und Sozialwissenschaften
Mathematik / Informatik
Physik / Chemie / Biologie
Medizin
Umwelt / Verkehr
Bau / Steine / Erden
Bergbau / Energie
Elektrotechnik / Optik
Maschinenbau / Verfahrenstechnik
Hüttenwesen / Werkstoffkunde
Textilforschung

WESTDEUTSCHER VERLAG
5090 Leverkusen 3 · Postfach 30 06 20

If you have any concerns about our products,
you can contact us on
ProductSafety@springernature.com

In case Publisher is established outside the EU,
the EU authorized representative is:
**Springer Nature Customer Service Center GmbH
Europaplatz 3, 69115 Heidelberg, Germany**

Printed by Libri Plureos GmbH
in Hamburg, Germany